数学小天才的一年级预备课

乘 法

[美] 约瑟夫·米森　文
[美] 萨缪·希提　图
仇韵舒　译

文匯出版社

目 录

第1课　什么是乘法

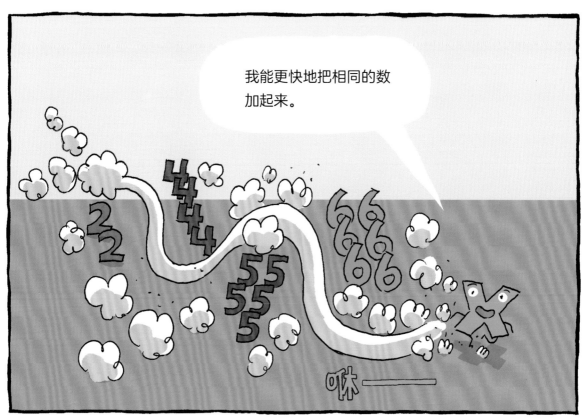

第2课　初识乘法算式

把它们写成算式，就是
这样：

$$2 \times 3 = ?$$

或者，

你也可以
这么写：

$$2 + 2 + 2$$

那么，
$2 + 2 + 2$
等于——

6   ?

扑通

谢谢加号，
你说得也
没错。

所有的乘法
算式，都可
以用我来算。

但我算得
更快。

我一定能跟上！

走着瞧吧！

嗖——

恭喜你认识了乘号和乘法算式，休息一下再继续吧。

第3课　乘法和加法的互相表示

数盒子可太容易了——

1　　　2　　　3

等等，这儿可不只有盒子，每个盒子里还有4支蜡笔呢。

酷！

开了

一共有几支蜡笔呢？

一起数数吧。

1……

等等！

用乘法来算！

假如我们有3盒蜡笔，
每盒4支，

相当于有3个4。

把3个4加起来吧。

像这样？

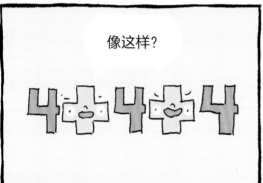

没错！

$4 + 4 = 8$

所以$4 \times 3 = 12$

$8 + 4 = 12$

我们一起用蜡笔画画吧！

好呀。

第4课 先算翻倍

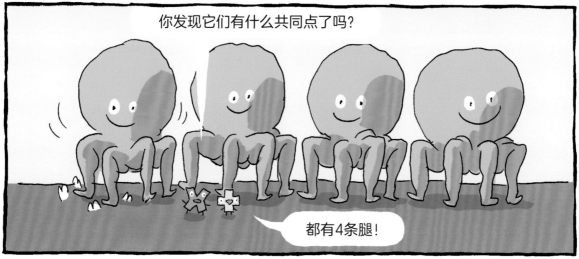

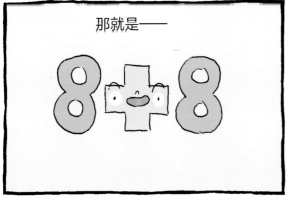

那就是——

16

我猜一定还有别的算法。

不用一个个数也能找出答案。

你是说4个4个跳着数？

没错！

一共数4次。

棒！

4　　8　　12　　16

乘法和加法相似又不同，休息休息再继续。

11

第5课 乘法的含义及算法

看见了吗？

这就是6个5。

这里一共有几只蜜蜂呢？

5个5个跳着数吧。

好。

5   10   15   20   25   30

所以——

5×6=30

这个问题你还能想出别的算法吗？

当然！

扑通

我们知道，5翻个倍就是10。

这里有3个翻倍的5，

就是3个10相加。

30

看，这儿还有5朵花。

这5朵花，每朵里面有6只蜜蜂。

这里也有蜜蜂？

没错，6×5。

我们凑近点看看。

看见了吗？

和上次的蜜蜂一样多。

哎哟，好痛！

但它们的分组
方式不一样。

上回是5×6。
这回是6×5。

你猜怎么着？

它们的结果是
一样的！

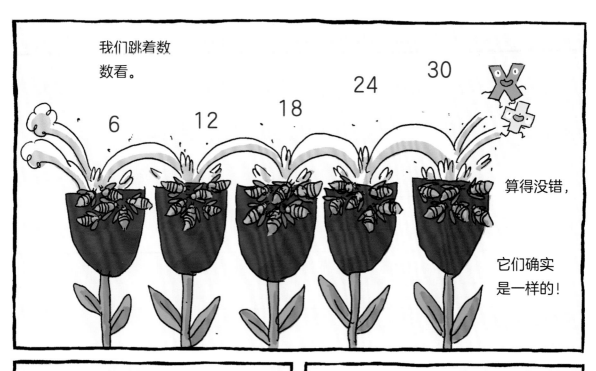

我们跳着数数看。

6　12　18　24　30

算得没错，

它们确实是一样的！

为什么会这样呢？

我们来比较一下这两个问题。

扑通　扑通

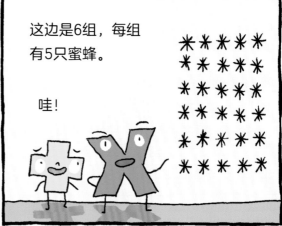

这边是6组，每组有5只蜜蜂。

哇！

而这边是5组，每组有6只蜜蜂。

把这两组都数一遍吧。

没问题，我来数。

它们真的是一样的!
只是排列方式不一样。

你数过了吗?

乘法算式中有两个乘数,每个都可以跳着数。

就和做加法一样。

我现在明白啦!

用我计算的时候,都符合这个规律。

用我也是!

2×7和7×2的数值是一样的。

4×5和5×4的数值也是一样的。

这样的例子我们能说上一整天!

再去干点别的吧。

接下来做什么呢?

我还想做算术!

不知不觉学会了乘法的意义和交换律,快快休息一下吧。

第6课　多种算法

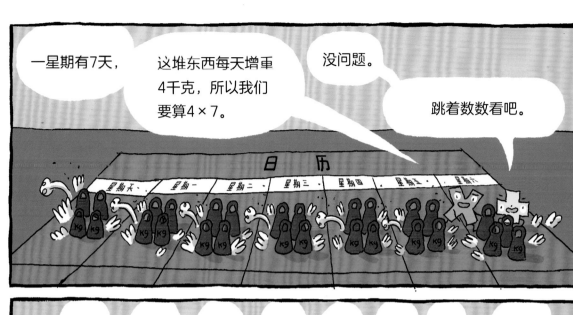

第7课　大数相乘

可以这么想：

20 + 7   20 + 7

先把十位相加，

$20 + 20 = 40$

再加个位。

$7 + 7 = 14$

现在，算出 40 + 14 就能知道答案啦！

还可以把14拆成1个十和4个一。

$40 + 10 + 4$

所以——

$50 + 4$

2 × 27等于——

54！一共54个细胞。

没错。

汩汩

真棒，会用这么多方法算乘法！休息一下再继续。

第8课 跳着数

厉害!

扑通

那么，乘号一共做了多少个引体向上呢?

算式可以这么列:

6✕10

有10个6。

没错。

我们来跳着数吧。

我们跳了好多下！

扑通 扑通

6×10写成加法算式，就是下面这样：

6+6+6+6+6+6+6+6+6+6

要加的太多啦。

也可以写成6个10相加，像这样：

10 + 10 + 10 + 10 + 10 + 10

可以10个10个跳着数。

10 20 30
40 50 60

和之前一样。

嘿！

我越跳
越快啦！

那是因为你在做乘法。

真棒！

跳着数计算，速度似火箭。休息一下再出发。

总结课 正确使用乘法和加法

再坚持一下，看看后面生活中等待你解决的乘法问题吧。

附录 乘法的基本规律

这张表格能帮助你像学会数1、2、3一样学会乘法。

还能告诉你乘法的基本规律。

下面是它的使用方法：

从第一列选一个数字，指出它所在的那一行。

再从第一行选一个数字，指出它所在的那一列。

找到行列交会的那一格。

就是这两个数字的乘积！

✖	0	1	2	3	4	5	6	7	8	9	10
0	0	0	0	0	0	0	0	0	0	0	0
1	0	1	2	3	4	5	6	7	8	9	10
2	0	2	4	6	8	10	12	14	16	18	20
3	0	3	6	9	12	15	18	21	24	27	30
4	0	4	8	12	16	20	24	28	32	36	40
5	0	5	10	15	20	25	30	35	40	45	50
6	0	6	12	18	24	30	36	42	48	54	60
7	0	7	14	21	28	35	42	49	56	63	70
8	0	8	16	24	32	40	48	56	64	72	80
9	0	9	18	27	36	45	54	63	72	81	90
10	0	10	20	30	40	50	60	70	80	90	100

例如：

$1 \times 0 = 0, 1 \times 2 = 2, 1 \times 3 = 3$ ……

互动·小·课堂

 课本知识提前学

本书从认识乘号开始，了解乘法和加法的关系，学习乘法的多种计算方法，如翻倍法、跳着数、大数相乘等。这些内容是对二年级数学教材中乘法部分的补充与提升。

翻倍法：
快速算加法。这也是高年级学习乘法的基础。

跳着数：
将乘法问题转换成加法问题，让孩子有很好的思维衔接感。

大数相乘：
融合各种算法，让孩子对知识点融会贯通。

除了乘法的计算，本书还带领孩子探究了乘法交换律。这种自主探究、发现知识的过程，为孩子养成良好的学习习惯打下基础。

生活中的乘法小课堂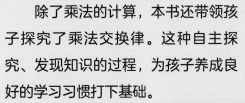

🌸 两根筷子算作一双，数一数家里有几双筷子。怎样算出来它们一共有几根呢？开动脑筋多想几种算法吧。

🌸 用纸和彩笔制作两组包含1到9的数字卡片，跟爸爸妈妈来一场乘法计算大比拼吧。游戏规则：首先从自己的9张数字卡片中选取一张，再从爸爸妈妈的9张数字卡片中选取一张，然后迅速把两张卡片上的数字相乘，比比谁算得更快。

图书在版编目（CIP）数据

数学小天才的一年级预备课. 乘法 / (美) 约瑟夫·米森 (Joseph Midthun) 文 ; (美) 萨缪·希提 (Samuel Hiti) 图 ; 仇韵舒译. -- 上海 : 文汇出版社, 2020.12

ISBN 978-7-5496-3334-0

Ⅰ.①数… Ⅱ.①约…②萨…③仇… Ⅲ.①数学—儿童读物 Ⅳ.①O1-49

中国版本图书馆CIP数据核字（2020）第187238号

数学小天才的一年级预备课. 乘法

作　　者 / [美] 约瑟夫·米森（文）
　　　　　 [美] 萨缪·希提（图）
译　　者 / 仇韵舒

责任编辑 / 文　荟
特邀编辑 / 赵佳琪　　蔡若兰
封面装帧 / 吕倩雯
内文排版 / 徐　瑾

出版发行 / 文匯出版社
　　　　　 上海市威海路 755 号
　　　　　 （邮政编码 200041）
经　　销 / 全国新华书店
印刷装订 / 北京盛通印刷股份有限公司
版　　次 / 2020 年 12 月第 1 版
印　　次 / 2020 年 12 月第 1 次印刷
开　　本 / 787mm×1092mm　　1/16
总 字 数 / 16 千字
总 印 张 / 12
ISBN 978-7-5496-3334-0
定　　价 / 150.00 元（全6册）

侵权必究
装订质量问题，请致电010-87681002（免费更换，邮寄到付）

WORLD BOOK

数学小天才的一年级预备课

乘 法

每天7分钟漫画课，加减乘除都会做！

从认识乘号开始，带孩子了解乘法和加法的关系，
学习乘法的3种计算方法：翻倍法、跳着数、大数相乘。
本书是对二年级数学教材的完美补充与提升。
融会贯通，螺旋上升，乘法提前全掌握。

3 X 2 = ?

数学小天才的一年级预备课·全6册

建议上架：儿童绘本/儿童科普　　熊猫君激发个人成长
ISBN 978-7-5496-3334-0　　www.dookbook.com

9 787549 633340 >

定价：150.00元
（全6册）